专家团队 策划审定

U0281292

未来科学家科普分级读物（第一辑）

生命活动的基石

小多科学馆 编著　石子儿童书 绘

白泽 内容编辑

"科普天团"

ke pu tian tuan　liang shen da zao

为少年量身打造的
科普分级读物

ke pu yue du　fen ji du wu

电子工业出版社
Publishing House of Electronics Industry
北京·BEIJING

目录

食物小历史

食品公共安全大事件

需要特别注意的常见食品

健康小博士

生活小常识

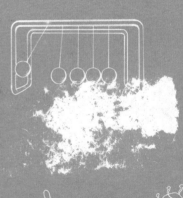

有机食品小知识

食物小历史

人类考古学家分析旧石器时代的人类牙齿化石后认为，旧石器时代人类的食物，基本上来自捕猎或采集，比如鱼和一些动物的肉，以及树林里的浆果、树叶、坚果、昆虫、蘑菇等。

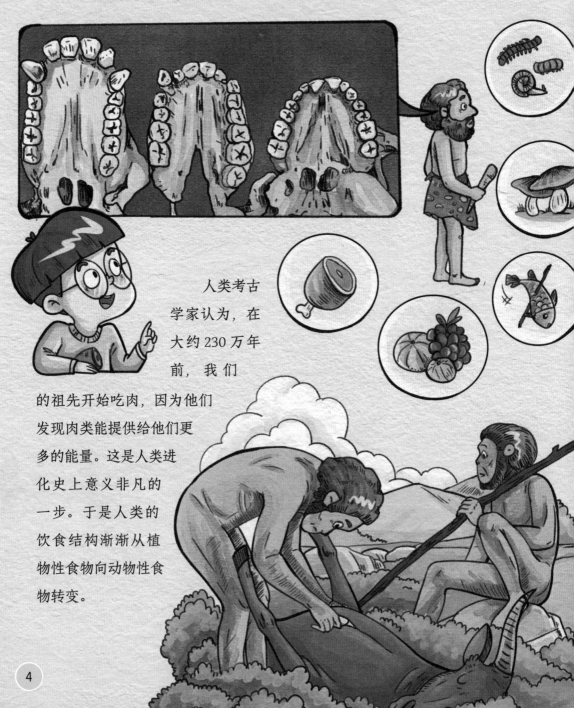

人类考古学家认为，在大约 230 万年前，我们的祖先开始吃肉，因为他们发现肉类能提供给他们更多的能量。这是人类进化史上意义非凡的一步。于是人类的饮食结构渐渐从植物性食物向动物性食物转变。

食肉使人类的脑容量增加，人类变得更加聪明，渐渐从众多动物中脱颖而出，成为地球上最高等的生物。与此同时，人类的小肠长度也在不断增加，使人类越来越适应多吃肉、少吃植物的饮食结构。

脑容量（毫升）

1800
1500
1200
900
600
300
0

智人
海德堡人
直立人
南方古猿鲍氏种
南方古猿阿法种
地猿始祖种
南方古猿非洲种
能人
黑猩猩

百万年前（人类进化，脑容量逐渐增大）

8　7　6　5　4　3　2　1　0

再后来，早期人类发现火可以烧熟食物，于是他们不再吃生冷的食物，身体也可以更好地吸收食物中的营养。

农业推动食物"进化"

　　尽管早期人类变得越来越聪明，但自然界中依然存在许多人类无法抗衡的因素，比如环境的变化。环境变化导致植物大量减少，以采集树叶、坚果为食的早期部落陷入绝境。许多早期人类灭绝了，只有少数能活下来继续繁衍（fán yǎn）、进化。

　　这些早期人类部落能如此幸运，很大程度上是因为他们似乎掌握了一种让食物得以延续的方法。当然那时的他们并不知道自己的做法促成了人类进化的巨大飞跃，因为他们不过是采摘了一些植物的果实，又不经意地把它们撒到了某个地方——也许只是不小心掉落在某个角落。植物的种子就这样被播向远方，农业就此萌芽。

　　早期人类慢慢发现，植物会定期开花、结果，于是开始从居无定所的游猎生活转向定居生活。在定居地，他们等待植物生长，也不再把捕到的动物全部杀掉，而是就地圈养起来。他们不再需要到处寻找食物，因为靠种植作物、饲养动物就足以维持生活。

　　这一时期，早期人类依然以肉类为主，不过他们已经开始食用更多的谷物，并逐渐减少饮食中水果和蔬菜的分量。随着农业的发展，他们甚至学会了对谷物进行加工，并制作酒精和糖。

人类饮食中ω-6脂肪酸与ω-3脂肪酸比例的变化

| ω-6：ω-3 | 1:1 | 10:1 | 20:1 |

400万年前

100万年前

1850　　1950　　2000

烹饪是把"双刃剑"

烹饪，可以说是人类最伟大的发明之一。自从发现火烤的食物更好吃，人类就不断地钻研处理食物的方法，并掌握了火的使用方法。为了让食物更加营养美味，人类甚至发明了"火候"这样一个词，也就是说食材要在最恰当的时机放入锅中，要在最恰当的时刻取出。火候决定了食物的色泽、形态、味道和口感。

尽管人类不断追求越来越卓越的食物味道和品质，但也越来越清醒地认识到，美味的食物也存在一些负面影响。比如，烹饪用的植物油被加热后，产生的一些化学物质可能诱发多种疾病。

于是，人类开始重新审视自己的食物。比如，人类发现食品添加剂似乎没有那么友好，尽管它确实能够改善食物的味道、口感和色泽，但过量食用可能对人的身体有害。

人类的饮食文化

　　由于地域和人类部落的差异，人类的饮食也渐渐变得多元化。仅以地域划分，就有中餐、西餐、印度餐、韩餐、日本料理等，更不用说每个类别里面细分的品系。而且，就算同一个品系甚至同一种菜肴（yáo），不同地区的烹饪方法也不尽相同。

　　可以说，人类非常热衷于赋予食物在果腹以外更深层次的内涵。随着人类食物的演化，逐渐衍生出了丰富多彩的"饮食文化"。

基于饮食文化，人类会花大量的时间制作、品尝和研究食物，由此也产生了许多美食家、营养学家，就连制作食物的"掌勺"的人，也是有级别差异的。

随着科技的发展，饮食文化也在赋予食物新的内涵。比如，有的 3D 打印机可以随心所欲地打印出各种造型的食物，满足食客们的要求。可以说，食物丝毫没有落后于最新科技，甚至是人类对食物的需求引领了科技的发展。

食品公共安全大事件

2010年12月底，德国食品安全机构在一些鸡蛋中发现了超标的致癌物质——二噁（è）英。经过追查，有关机构将目标锁定在了一家饲料原料供应商身上。这家公司将受污染的脂肪酸提供给生产饲料的企业，导致其下游产业产品有害物质超标。

随后，德国政府在其他州相继发现受污染饲料，并迅速隔离4700个受波及的养猪场和家禽饲养场，强制宰杀了约8000万只鸡。

二噁英分子结构

(a) PCDDs

(b) PCDFs

德国二噁英污染事件的曝光，引发了民众对食品安全的担忧。一些国家采取措施，或停止进口，或禁止销售德国生产的肉类和蛋类制品。

对神经系统产生危害，使注意力紊乱、免疫系统受到抑制

引发癌症

二噁英是一种含氯（lǜ）化合物，有毒，无色无味，产生于垃圾焚烧和其他工业加工过程，可导致人体免疫力下降、内分泌紊乱，引发皮肤病，有致癌作用。

美国沙门氏菌事件

2015年7月3日起，美国疾病控制与预防中心陆续收到来自27个州的病例报告。9月，美国卫生部门的官员证实，27个州的285人感染的细菌是沙门氏菌。最终，调查人员找到了这起食源性疫情爆发的原因——这些患者先前食用了感染了沙门氏菌的黄瓜。

1. 从超市购买食物

2. 几天后出现发烧、腹泻和胃绞痛

1970～2011年不同年龄组人群中阿格纳亚型沙门氏菌的感染率

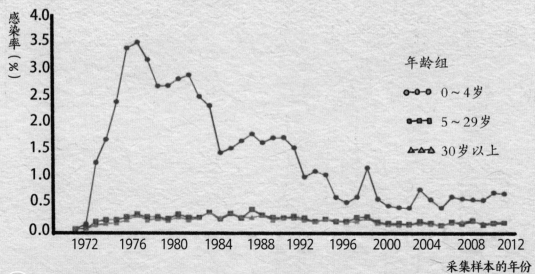

年龄组

○—○—○ 0～4岁

■—■—■ 5～29岁

△—△—△ 30岁以上

采集样本的年份

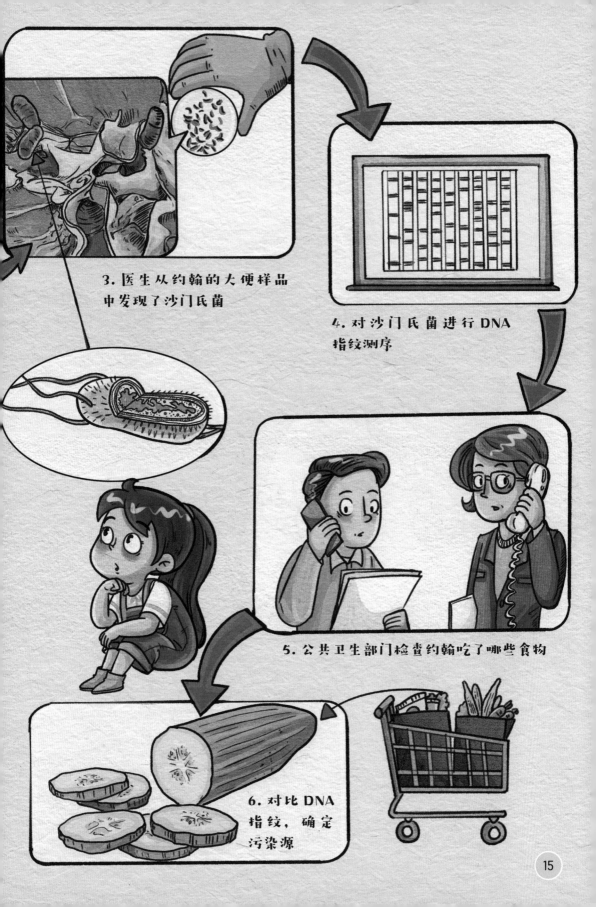

3. 医生从约翰的大便样品中发现了沙门氏菌

4. 对沙门氏菌进行DNA指纹测序

5. 公共卫生部门检查约翰吃了哪些食物

6. 对比DNA指纹，确定污染源

英国大肠埃希菌事件

2016年5月，在英国，几百个人不经意间从超市货架上取走了潜在的"杀手"，并随手把它丢进了购物车。他们买的奶酪（lào）其实相当危险。之后的某一天，他们享用了买来的价格不菲的苏格兰奶酪。数小时后，他们开始呕吐、腹泻、胃痉挛（jìng luán）。情况越来越糟糕，每18人当中就有1人住进了医院——这些顾客感染了大肠埃希菌。

大肠埃希菌

被污染的食物

腹痛

腹泻

便血

细胞壁

核糖体

DNA

细胞膜

鞭毛

纤毛

大肠埃希菌结构图

电子显微镜下的大肠埃希菌

需要特别注意的常见食品

发芽变绿的土豆

　　土豆既营养又美味，是人们生活中重要的食物。如果土豆过度暴露在光线下，就会变绿并生成一种生物碱——龙葵素（也叫茄碱）。如果发现土豆变绿，我们就要小心了。因为即使龙葵素的含量较低，也可能使人体中毒，症状包括头疼、呕吐、腹痛，甚至死亡。而且龙葵素很难通过烹饪被破坏。

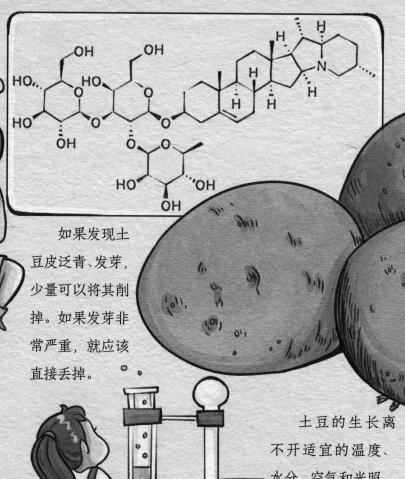

　　如果发现土豆皮泛青、发芽，少量可以将其削掉。如果发芽非常严重，就应该直接丢掉。

　　土豆的生长离不开适宜的温度、水分、空气和光照，我们要在合适的条件下储存土豆，抑制土豆发芽和变绿。

有毒

"闻着臭，吃着香"的臭豆腐

"气味难闻近十丈，实则堪比美佳肴。"这是对臭豆腐再准确不过的比喻了。

臭豆腐不但保持了豆腐的营养成分，而且在发酵（jiào）过程中使蛋白质分解，大大提高了大豆的消化率。同时，发酵过程中也会产生许多有益物质，比如有一定降压功效的降血压肽和具有调节肠道功能的植物性乳杆菌素等。此外，发酵还合成了大量的维生素 B12。维生素 B12 可以减缓大脑衰老，所以吃臭豆腐还能预防阿尔茨（cí）海默病。

植物性乳杆菌素

B12

研究发现，臭豆腐中含有酯（zhǐ）类、酮（tóng）类和羧（suō）酸等39种挥发性有机物。其中，含量最多的是吲哚（yǐn duǒ），它让臭豆腐闻起来有一股刺鼻的粪臭味。而且，这里面也不乏对人体有害的物质，如盐基氮和硫化氢。不过，它们在臭豆腐中的含量很少，而且沸点都很低，在高温油炸时会很快挥发掉。

但是，毛菌素发酵阶段容易受到其他细菌的污染，被致病菌污染的臭豆腐对人体是有害的，因此在制作臭豆腐的过程中，要特别注意发酵条件的控制，避免引入杂菌。

容易滋生有害微生物和被污染的牛奶

日常生活中，我们常会喝牛奶。牛奶中含有乳清蛋白、酪蛋白、β-乳球蛋白和γ-乳白蛋白等多种蛋白质，酪氨酸、赖氨酸、谷氨酸等18种氨基酸，钙、钾等矿物质，维生素A、维生素D等维生素。据统计，牛奶中的营养物质多达上千种。

乳清蛋白

钙

β-乳球蛋白

但是，牛奶也因此成为多种微生物的理想生长环境。

牛奶中容易滋生的微生物包括沙门氏菌、大肠埃希菌和金黄色葡萄球菌等。这些细菌可能来自牛奶生产中的任何一个环节。同时，牛奶生产过程中也容易混入一些有害成分，如兽医产品、化学清洁剂、抗寄生虫药、除草剂、杀虫剂、杀真菌剂等。

平衡罐

不过，我们现在基本不必为牛奶的安全隐患担忧，因为我们所见到的牛奶都经过了严格消毒，符合饮用安全要求。牛奶消毒最常使用巴氏消毒法，它是由法国微生物学家巴斯德发明的。巴氏消毒不仅可以把细菌杀死，而且对人体没有害处，更难得的是还可以保留牛奶原来的风味。经过巴氏消毒的牛奶可以保存很长时间，甚至几个月都没有问题。

将牛奶加热至灭菌温度

利用灭菌后的高温牛奶预热刚刚进入灭菌系统的冷牛奶，实现废热利用

供热系统

流转向阀

冷却段

预热段

保温管

牛奶经预热段、加热段后达到灭菌温度后，在保温管内完成灭菌

预热段

加热段

升压泵

油脂

流量控制阀

离心式过滤器

进料泵

利用油脂与牛奶沉降速度不同，从牛奶中分离出油脂

牛奶
蒸汽
热媒
冷水
冰水

牛奶的巴氏杀菌流程图

23

好吃但不健康的薯片

1853年春天，美国海军上尉范德比尔特到纽约的一个旅游胜地度假。一天，他在晚餐时向厨师抱怨马铃薯片太厚了。厨师决定和范德比尔特开个玩笑，他将马铃薯切成像纸一样的薄片在热油中炸，然后撒上调料。本来想开个玩笑，没想到上尉大赞好吃，这就成了今天的薯片。

那从营养的角度看，薯片到底怎么样呢？下表列出了某种薯片的相关数据。

每份食用量：30 克　每袋含：2.5 份

项　目	每份	营养素参考值
能量	666 千焦	8%
蛋白质	1.7 克	3%
脂肪	9.6 克	16%
碳水化合物	15.9 克	5%
钠	154 毫克	8%

标签上标注，每 30 克含 666 千焦热量，是参考值的 8%；脂肪 9.6 克，是参考值的 16%；钠 154 毫克，是参考值的 8%。这样的薯片，吃下 80 克时，脂肪就已经超过了每人每天理想摄入量的 40%，热量和钠也都超过了 20%。如果当作零食来吃，加上一日三餐，非常容易让摄入的脂肪和钠超标。

那么只吃薯片，省去一顿饭怎么样呢？ 30 克薯片中只有 1.7 克蛋白质，仅是参考值的 3%，一包 80 克的薯片也只有 8%，实在是少了点儿，远远无法满足人体对蛋白质的需求量。

蛋白质
1.7g

早在 2005 年，我国卫生部门就指出：尽可能避免连续长时间或高温烹饪淀粉类食品；提倡合理营养，平衡膳食，改变以油炸和高脂肪食品为主的饮食习惯。

可见，薯片是一种不健康的食品。

健康小博士

1.饭前便后和玩耍后要洗手。

2.用水仔细冲洗瓜果蔬菜表面。

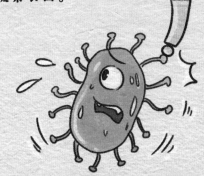

3.食物充分做熟，杀死微生物。

预防疾病
病从口入

常见食物的污染者

大肠埃希菌：主要来自被污染的食物，尤其是没煮透的碎牛肉，未消毒的牛奶、果汁、软质奶酪、水果、蔬菜，被污染的水源，牛、羊等的生长环境和粪便。

霍乱弧菌：主要来自未经烹饪或没有煮透的贝类食物，尤其是生蚝。

产气荚膜梭菌：主要来自牛肉、禽类和肉汤。

弯曲杆菌：主要来自未经烹饪或没有煮透的牛肉、禽类，未经巴氏灭菌的牛奶及被污染的水。

MILK

金黄色葡萄球菌：存在于空气、水、灰尘及人和动物的排泄物中。

沙门氏菌：主要来自被污染的蛋、禽类、肉类、水果、蔬菜、香料和坚果，以及未消毒的牛奶、果汁、奶酪等。

酿脓（niàng nóng）链球菌：主要存在于自然界、人和动物粪便及鼻咽部。

葡萄球菌：通常存在于人体皮肤、头发以及动物体内。

诺如病毒：主要来自感染者的呕吐物或粪便污染的农产品、贝类、即食食品。

食物中的有毒化学成分

杀虫剂：通常残留在农作物上，人食用后可能会引起从癌症到先天畸（jī）形的各种健康问题。

丁基羟基茴香醚（mí）和丁羟甲苯（běn）：存在于加工食品中，具有致癌作用，并能破坏人体内的激素平衡。

硫酸铝钠和硫酸铝钾：用于奶酪加工食品、烘焙食品、爆米花和其他带包装的食品，会对人的神经、发育和生殖造成不良影响。

人工食用色素／染料：这些化学品无处不在，已经被证明与神经障碍（比如注意缺陷障碍）相关。

亚硝酸钠和硝酸钠：存在于熟食（主要是加工肉制品）中，与多种类型的癌症相关。

丙烯酰胺（xī xiān àn）：淀粉类食物（如土豆、谷类）在高温下加热（如煮炸和烧烤）时会产生这类致癌物。

双酚（fēn）A：存在于食品罐的内壁涂层，作用类似激素，可能引发乳腺癌和前列腺癌，也会导致肥胖、糖尿病和生殖问题等。

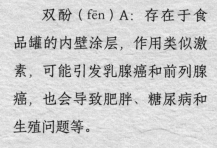

生活小常识

洗碗机是如何工作的

随着科技的发展和生活水平的提高，洗碗机已经走进千家万户。把带有油污的餐具放进洗碗机，洗碗机工作一会儿后，餐具就焕然一新。这个过程中到底发生了什么呢？

洗碗机开始运行，进水阀打开，使水箱底部注满水，再接通电热元件将水加热。接着，电泵把热水抽入机器上下两面的喷洒器里，喷洒器转动，喷出的水流很细很急，能将餐具表面的脏东西冲掉，这个过程持续半小时左右。随水流下的脏东西落入水箱底部，那里有一个筛子，大块的残渣会留在筛网上，油渍则流向排污口。

餐具上的油渍和污垢，普通的热水是洗不掉的，我们还需要加入洗洁精。洗碗机启动后，门上的分配器将洗洁精滴入洗碗机内的热水中。接着，带有洗洁精的水被泵入喷洒器，重复上述洗碗步骤。洗碗机的工作到这里就结束了，如果担心洗洁精残余，可以用清水再洗一遍。

此外，洗碗机还配备了定时器来控制每个过程的时间，传感器可以监测水和空气的温度以及水位，甚至还有专门的传感器监测洗完后水的清洁程度，比人工清洗做得更周到。

神奇的洗洁精

洗洁精在洗碗过程中发挥了重要的去污作用，这归功于它含有的一种叫"表面活性剂"的成分。虽然洗洁精本身并没有毒性，但还是要尽量避免洗洁精残余。

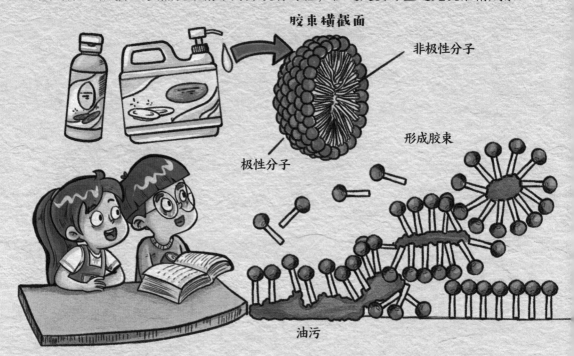

胶束横截面

非极性分子

极性分子

形成胶束

油污

洗洁精的稀释浓度——通常稀释 200 ~ 500 倍——决定着清洁效果，过浓容易有残余，过稀清洁效果不好。因此，洗重油污餐具时，要适当增加洗洁精的用量。但把洗洁精直接滴在洗碗布上的效果不如把洗洁精滴入温水中。

选购洗洁精时，并非越稠越好。洗洁精里通常会添加增稠剂、香精和色素，目的是迎合消费者的需求。而去污能力由表面活性剂的浓度决定。浓缩洗洁精含有高浓度的表面活性剂，使用前需要按比例稀释。另外，选购洗洁精时并非泡沫越多越好。泡沫的多少与表面活性剂的种类和含量、污垢多少以及水温高低都有关系。通常情况下，油污越多，泡沫越少；水温越高，泡沫消除越快。

食用油的选用

猪油、黄油和椰子油等，加热时产生的醛类物质最少，这说明它们是健康的食用油吗？答案是否定的，因为它们都含有大量的饱和脂肪酸。研究表明，饱和脂肪酸会增加血液中胆固醇的含量，从而增加患心血管疾病的风险。而加热时产生醛类物质较多的植物油，如玉米油、葵花籽油，也含有一些好的成分——单不饱和脂肪酸。单不饱和脂肪酸可以有效地减少血液中的胆固醇，降低患心血管疾病的风险。

食用油中脂肪酸成分的差异

食用油	饱和脂肪酸	亚油酸（一种ω-6脂肪酸）	α-亚麻酸（一种ω-3脂肪酸）	油酸（一种ω-9脂肪酸）
菜籽油	7	21	11	61
红花油	8	14	1	77
亚麻籽油	9	16	57	18
葵花籽油	12	71	1	16
玉米油	13	57		29
橄榄油	15	9	1	75
大豆油	15	54	8	23
花生油	19	33	*	48
棉籽油	27	54	*	19
猪油	43	9	1	47
棕榈油	51	10	*	39
黄油	68	3	1	28
椰子油	91	2		7

饱和脂肪酸　　　多不饱和脂肪酸　　　单不饱和脂肪酸

*痕量　　　　脂肪酸总量为100%

单不饱和脂肪酸

醛类物质

食用油加热产生醛类物质的数量比较

醛类物质（毫摩尔/升）

图例：
- 椰子油
- 黄油
- 橄榄油
- 玉米油
- 葵花籽油

加热时间（分）：10 20 30

　　鉴于每种食用油的脂肪酸成分不同，我们首先应该根据自己的
需要选择，最好不要单纯食用一种食用油。更重要的是，要根据烹
饪方式选择合适的食用油。比如，做炸鱼时，多不饱和脂肪酸含量
较低的植物油，如橄榄油，就是不错的选择。其实，最健康的选择，
是尽量减少煎、炸、烘、烤等高温烹调方式。同时，食用油存放
要避免光照、受热，开盖后应尽快食用，因为食用油在储存
过程中会发生氧化。另外，在选择食用油时，一定要注意
标签上的脂肪酸种类。

饮用水是否达标

饮用水质量是影响人类健康的一个至关重要的因素。那么我们自己家里的水到底达标了没有呢？

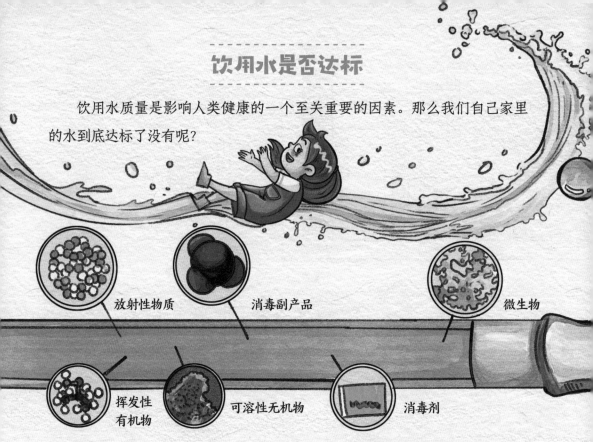

放射性物质　　消毒副产品　　微生物

挥发性有机物　　可溶性无机物　　消毒剂

我们可以用余氯测试剂来检测家中饮用水的余氯，只要按照要求将试剂加入一定量的水中，再通过附带的比色卡就可以估算氯含量。检测重金属可以用水质电解器，将水质电解器的金属棒放进水中，打开电源，通过水的颜色变化就可以推测水中的重金属含量。水的颜色越深，说明水质越差。

使用前，有余氯。

氯

氯

使用后，经余氯试剂测试，余氯没有了。

精密水质 OTO 余氯测试卡

0.0　0.2　0.4　0.6　0.8　1.0　2.0　2.5　5.0　10.0ppm

如果嫌仪器麻烦，我们还可以用"人体检测仪"。找一个白色的瓷碗盛满水，观察水中是否有悬浮物质；随后将碗静置三四小时后观察碗底。如果碗底有杂质，就说明水质堪忧。如果水有类似消毒液的味道，那可能是余氯超标。也可以检查一下暖水瓶或热水壶，如果水垢很厚，也说明水质不佳。

有机食品小知识

什么是"有机食品"

"有机"指的是一种产品生产、加工方式，"有机食品"是指在种植或培育过程中不使用化学合成物的食品。比如，有机水果和蔬菜的种植不使用化学肥料、杀虫剂或除草剂，有机肉的培育过程不使用抗生素。

2012 年，我国开始推行有机产品新标准，以建立一个更好的有机产品市场，为消费者带来更安全的食品。我国有 23 家认证机构，最有名的是国家环保局有机食品发展中心（OFDC）。我国的有机产品认证标志有两种：中国有机产品标志，中国有机转换产品标志。

当食品贴有这些标签时，就意味着它是在经中国国家认证认可监督委员会认可的农场里生产的有机产品或有机转换产品。

中国有机产品标志

如何培育有机食品

对于农作物生长来说，土壤肥力是最重要的。农民有多种方法保证土壤肥力。比如，当一种农作物耗尽了土壤的养分时，农民会把它们移栽到另外一块田里，然后把另一种农作物移栽到原来的那块田里，以恢复土壤的养分。

农民也会向土壤中施加堆肥。把草、鸡粪、蛋壳、烂掉的水果和蔬菜堆在一起发酵。发酵过程中，有机物被分解，变成可以增加土壤肥力的堆肥。

一些农民还会在农作物周围铺上一层覆盖物，包括木屑、草屑、稻草、切碎的叶子等。除了抑制杂草呼吸和保温，这些东西还能保持土壤水分。同时，它们会慢慢分解，产生的营养物质会渗入土壤中。

农民可以在自己的农场里种植各种各样的水果和蔬菜，大型农场则会种植一些方便运输的农作物。一般而言，有机食品都是"传家宝"，是从几十年甚至几百年前的老品种代代繁衍而来的纯种植物，它们的味道很好，也有多种颜色和形状。只不过，这些"传家宝"中有很多已经在市场上消失，取而代之的是各种杂交品种。

未来科学家小测试

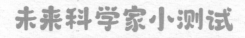

1. （　）不是旧石器时代的人们的食物。

　A. 蘑菇。B. 稻米。C. 鱼。

2. 以下说法中错误的是（　）。

　A. 发芽变绿的土豆可以正常食用。

　B. 土豆会变绿是因为生成了一种叫作"龙葵素"（也叫"茄碱"）的生物碱。

　C. 臭豆腐在发酵过程中产生了许多有益物质。

3. 关于牛奶，以下说法正确的是（　）。

　A. 鲜牛奶不容易滋生细菌。

　B. 牛奶消毒使用得最多的是巴氏消毒法。

　C. 牛奶中 50% 的成分是水。

4. 以下哪些做法是正确的？（　）

　A. 瓜果蔬菜要与肉类分开处理。

　B. 食物要冷藏处理。

　C. 食物应充分做熟。

5. 以下说法中错误的是（　）。

　A. 未经烹饪或没有煮透的贝类食物、牛肉、禽类可能含有细菌。

　B. "有机食品"是指在种植或培育过程中不使用化学合成物的食品。

　C. 猪油、黄油和椰子油等，产生的醛类物质最少，所以它们是健康的食用油。

答案：1B。2A。3B。4ABC。5C。

编委会

图书在版编目（CIP）数据

生命活动的基石 / 小多科学馆编著；石子儿童书绘. -- 北京：电子工业出版社，2024.1
（未来科学家科普分级读物. 第一辑）
ISBN 978-7-121-45650-3

Ⅰ．①生… Ⅱ．①小… ②石… Ⅲ．①食品 – 少儿读物 Ⅳ．①TS2-49

中国国家版本馆CIP数据核字（2023）第089992号

责任编辑： 赵　妍　季　萌
印　　刷：当纳利（广东）印务有限公司
装　　订：当纳利（广东）印务有限公司
出版发行：电子工业出版社
　　　　　北京市海淀区万寿路173信箱　邮编：100036
开　　本：889×1194　1/16　印张：18　字数：333.3千字
版　　次：2024年1月第1版
印　　次：2024年1月第1次印刷
定　　价：138.00元（全6册）

　　凡所购买电子工业出版社图书有缺损问题，请向购买书店调换。若书店售缺，请与本社发行部联系，联系及邮购电话：（010）88254888，88258888。
　　质量投诉请发邮件至zlts@phei.com.cn，盗版侵权举报请发邮件至dbqq@phei.com.cn。
　　本书咨询联系方式：（010）88254161转1860，jimeng@phei.com.cn。